本书由国家自然科学基金项目（42077245），四川省科技厅科普项目（2021JDKP0067），成都理工大学博物馆、地质灾害防治与地质环境保护国家重点实验室、四川省社科普及基地、内蒙古研究生教育教学改革项目（JGCG2022080），成都理工大学教育教学改革研究项目（科技助力防灾减灾）共同资助

防灾避险——漫话地质灾害

泥石流

杨春燕　范宣梅　常　鸣／编著

团团的泥石流之旅

科学出版社

内 容 简 介

我国西南地区是地质灾害高发地区，地质灾害防治科普任务非常艰巨，根据国家《全民科学素质行动计划纲要》以及普及大众的地质灾害防治知识需要，防灾避险地质灾害科普知识十分迫切。

本册以一块岩石的视角，讲述它经历了泥石流地质灾害的故事。本册用简洁朴实的语言、大量实物照片、手绘图片等普及泥石流的成因、预兆、发生过程、危害，以及遇到泥石流应怎样防灾避险的科普知识。

本书可供广大青少年学生和大众阅读。

图书在版编目（CIP）数据

防灾避险 ：漫话地质灾害. 泥石流 / 杨春燕，范宣梅，常鸣编著. — 北京 ： 科学出版社，2024.1
ISBN 978-7-03-075742-5

Ⅰ．①防… Ⅱ．①杨… ②范… ③常… Ⅲ．①地质灾害－灾害防治－普及读物 ②泥石流－灾害防治－普及读物
Ⅳ．①P694-49 ②P642.23-49

中国国家版本馆CIP数据核字(2023)第102059号

责任编辑：罗　莉／责任校对：彭　映
责任印制：罗　科／封面设计：墨创文化

科 学 出 版 社 出版

北京东黄城根北街16号
邮政编码：100717
http://www.sciencep.com

四川煤田地质制图印务有限责任公司 印刷
科学出版社发行　各地新华书店经销

*

2024年1月第 一 版　　　开本：787×1092　1/16
2024年1月第一次印刷　　　印张：2
字数：150 000

定价：48.00元（全三册）
（如有印装质量问题，我社负责调换）

团团被滑坡深深地埋在山谷里。河水流过这里，在团团的上方日夜不停地奔流，冲刷着河道。

在河水的不断冲刷下，团团又露了出来。于是，团团跟着河水开始了新的旅行。

团团跟着河水走啊走！跟河床里许多石头交朋友，他们热情地拥抱，相互拍打、摩擦。就这样，团团的棱角被逐渐磨圆。

河流的磨圆作用

　　岩石在河流中被水流搬运和冲刷，岩石之间发生撞击、摩擦，继而破碎或者边缘的棱角逐渐被磨圆，这一过程称为磨圆作用或者圆化作用。被搬运的距离越远，岩石越小且越圆。

河床中的岩石（左：磨圆度不太好；右：磨圆度好）

有时候，团团还会经过瀑布，直直掉落下去，惊险又刺激。

知识卡片　　　　　什么是瀑布？

河床突然变陡，水流从陡峭的高坡流下来，远远看上去河流像高高挂着的一块白布。

贵州黄果树瀑布

慢慢地，团团变得又圆又滑，
它变成了一块鹅卵石。

知识卡片　　　什么是鹅卵石

鹅卵石是指形状像鹅卵的圆形石头，因流水的长时间搬运和磨圆而形成，一般在较为平缓的河床中常见。

岷江河滩上的鹅卵石

现在，团团躺在一个河心滩边缘。雨季已过，河水慢慢变少，团团的旅行被迫中止，它只能等待着来年丰水期河水涨起时再开始运动。

知识卡片 什么是丰水期？

丰水期是指一年中江河水量丰富的时期。水流主要依靠降水或融雪补给，丰水期一般在雨季或春季气温持续升高的时期。

与丰水期相对应的是枯水期，又叫枯水季，指江河水量最少的时期。枯水期江河流域内雨水稀少，温度较低，地表水流枯竭，主要依靠地下水补给水源。

云南丽江石鼓的长江第一湾（左：枯水期；右：丰水期）

可是，今年有点反常。冬去春来，河水依旧很少。到了夏天，虽时常下雨，河水却依然稀少，雨停后难以形成流动的水。

07

一只路过的鸟儿落在团团身上，它带来了一个消息：上游有个地方，发生了严重的滑坡。滑坡堆积物形成堤岸，把河水堵截了，形成了一个堰塞湖。堰塞湖的水一天天变多起来。

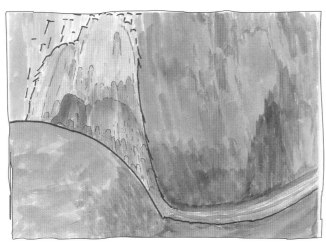

什么是堰塞湖？

　　堰塞湖是指河道和河床被堵截，水流储集而形成的湖泊。

　　堰塞湖形成的原因之一可为滑坡。山体发生滑坡后，滑下来的土石堆积在山谷形成了河堤，河水被堵塞，只好聚集在上游，形成堰塞湖。

2018 年金沙江白格滑坡形成堰塞湖

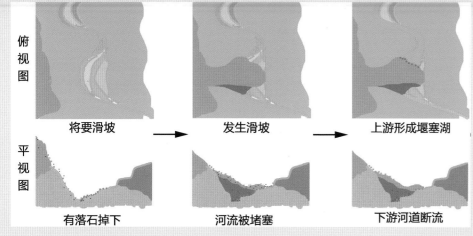

俯视图

平视图

将要滑坡　→　发生滑坡　→　上游形成堰塞湖

有落石掉下　　河流被堵塞　　下游河道断流

滑坡形成堰塞湖示意图

此外，形成堰塞湖湖堤的土石还有可能是：崩塌的堆积物、火山喷发的熔岩、冰碛物或者泥石流堆积物，等等。地震也可引发崩塌、滑坡而形成堰塞湖。

如果堰塞湖决堤，会形成危害极大的泥石流或者山洪。

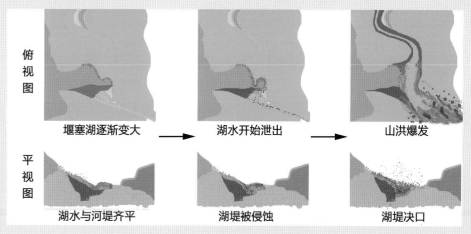

俯视图

平视图

堰塞湖逐渐变大　→　湖水开始泄出　→　山洪爆发

湖水与河堤齐平　　湖堤被侵蚀　　湖堤决口

堰塞湖决堤过程示意图

这天，山里下起了暴雨，河床里出现了一条细小而浑浊的水流。

团团很高兴，期待着河水涨起来，带它开始新的旅程。可是，周围的植物却很担心地告诉团团，这是泥石流来临的前兆。

知识卡片　　　　泥石流的预兆　　　● ● ●

什么时候容易发生泥石流？

1. 山谷里连日下暴雨。2. 河、溪断流或水变浑浊。3. 沟谷深处变灰暗并伴有巨大轰鸣声或轻微震动感。

哪里容易发生泥石流？

1. 陡峭且有松散土石的山坡，雨季有发生泥石流的潜在危险。2. 有冰雪融水的山谷。

有大量碎石的陡峭山坡

有冰雪融水的山谷

又下了几天暴雨，团团听到轰隆隆的响声。

堰塞湖决堤了，泥石流冲下来了！

泥石流挟裹着泥土、树木和石块，像一堵流动的墙，又像一头巨大的怪兽，沿着山谷河道呼啸而下。

什么是泥石流？

泥石流是一种特殊洪流，通常发生在山区沟谷或地面上，挟带着大量泥沙、石块或巨砾等固体物质。它通常在降水融雪、溃决等自然或人为因素作用下发生。

泥石流形成区

流动区

堆积区

泥石流堆积区

泥石流过后的路面

粗大的泥点砸打在团团身上。转眼间，泥石流卷起团团，继续奔流。在泥石流涌动中，团团一会儿飞起来，一会儿被甩出去，团团耳朵轰鸣、眼冒金星、晕头转向。

不知不觉间，团团也成了泥石流的一部分。

知识卡片　　　　　　　　　**泥石流的形成过程**　　• • •

泥石流的形成过程：在山坡上聚集松散堆积物（右图中 1~3）；随着水量增加，松散堆积体饱和，松散堆积物开始向下滑动（右图 4）；水不断增多，松散堆积物的下滑速度变快，形成泥石流，向下游冲撞（右图 5~6）。

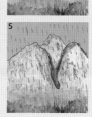

泥石流的形成原因

1. 强地震导致大量的松散物堆积;

2. 滑坡、崩塌致使泥石流沟道及两岸坡体上松散固体物质增多;

3. 陡峭的地形、复杂的构造进一步诱发泥石流的形成;

4. 暴雨、暴雪、雪崩、冰川消融等引起泥石流。

冰川消融引发的泥石流

团团遇到一块巨大而善良的石头,它安慰团团:"小朋友,是不是有点头晕呀?你是勇敢的小石头,闭上眼睛深呼吸,一会儿就适应了。"

强降雨引发泥石流

暴雪过后引发的泥石流

滑坡引发泥石流

如何躲避泥石流?

人类遇到泥石流是非常危险的。如何才能避免遇上泥石流呢?

在雨季尽量避免进入山区,尤其是有潜在泥石流风险的区域,应果断离开。

遇到泥石流应立即逃离!抛弃一切影响奔跑速度的物品,轻装快速逃跑。逃离方向应该向沟谷两侧山坡或高地跑,快速离开沟道、河谷地带。不能沿沟谷上下跑;不要在低、凹处停留和躲避;不能躲在破碎岩石下,也不要上树躲避。

在行车过程中,泥石流发生时,爬得越高越安全。

一旦到了安全地带,应立即给当地政府主管部门打电话,通知下游地区做好防灾工作。

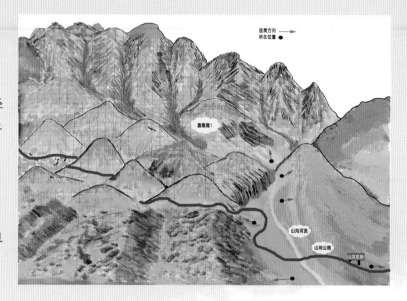

团团是个经验丰富旅行家,很快就适应了湍急的泥石流。团团想跟着大石头,大石头却说:"小朋友,离我远一点啊!不然容易被我砸碎了。"

果然,许多石头在泥石流中破碎了!

团团在泥石流的
边缘，看到低矮植物
被冲弯了腰，有的还
被厚厚的泥沙掩盖。

泥石流对人类生活的危害

· · ·

在人类历史上，发生过多次泥石流灾害事件。人们在没有预防的情况下突然遇到泥石流，可能会被砂石冲击，被掩埋，导致受伤、甚至窒息死亡等。

泥石流掩埋庄稼

泥石流堵塞公路且掩埋汽车

泥石流冲毁铁路，列车脱轨

泥石流毁坏房屋、堵塞道路

被泥石流毁坏的房子

泥石流充填街道　　　　　　　　泥石流充填房子　　　　　　泥石流打破房屋的门窗

泥石流过后，房屋地基被破坏，有崩塌的危险

偶尔，团团会陷在泥土里，不过它很快又被泥石流冲走了。

泥石流冲过树林，刮走地上的植被。

19

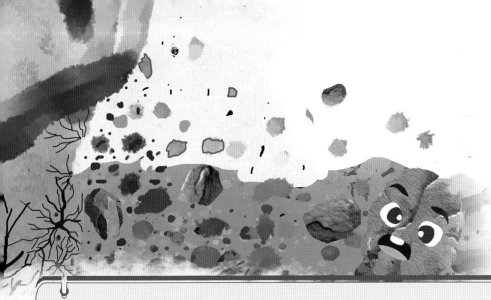

泥石流使劲冲刷着河道，河道两侧松软的砂石堆积层很快就消失了。

坚硬的岩壁也被敲碎，许多碎块掉落，卷入泥石流中。

泥石流引发其他地质灾害

泥石流发生以后，泥石流区域内有触发其他地质灾害的可能性。例如，泥石流带走松散的土石，暴露的岩体形成是空面，极易发生滑坡或者崩塌。

崩塌或者滑坡所形成的土石量大，在河道形成堰塞湖，将存在进一步引发溃决型泥石流的危险。

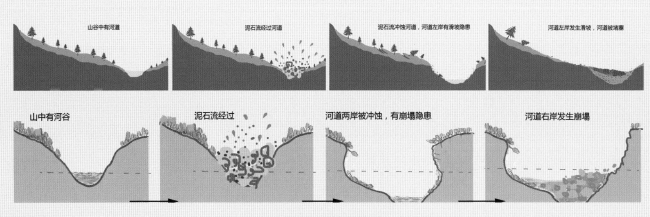

山谷中有河道　泥石流经过河道　泥石流冲蚀河道，河道左岸有滑坡隐患　河道左岸发生滑坡，河道被堵塞

山中有河谷　泥石流经过　河道两岸被冲蚀，有崩塌隐患　河道右岸发生崩塌

泥石流引发崩塌和滑坡

团团目睹了许多悲伤的场景：泥石流所经之处，树木被冲撞倾斜或者直接倒地、被掩埋；有的树木被泥石流连根拔起，在洪流中折断、破碎。其间，团团曾被一棵大树压住，夹在许多树根之间。

知识卡片

泥石流破坏生态环境

• • •

泥石流通过破坏植被、摧毁树林、覆盖草地等方式，对生态系统造成损坏。

泥石流破坏植物

泥石流破坏人类居住区

万幸的是，大树在泥石流中缓慢地移动，圆溜溜的团团很快就挣脱了树根，快速跑到前面。

不久，前面又遇到一些树木，好几根树木在泥石流通道上相互交叉、堆积，截拦了土石。

团团试图绕开树木，可是却没有如愿，反而被推到乱木堆里。团团抬头一看，泥石流中的部分砂石和泥水溢出了河道。团团也差点被溢了出去。

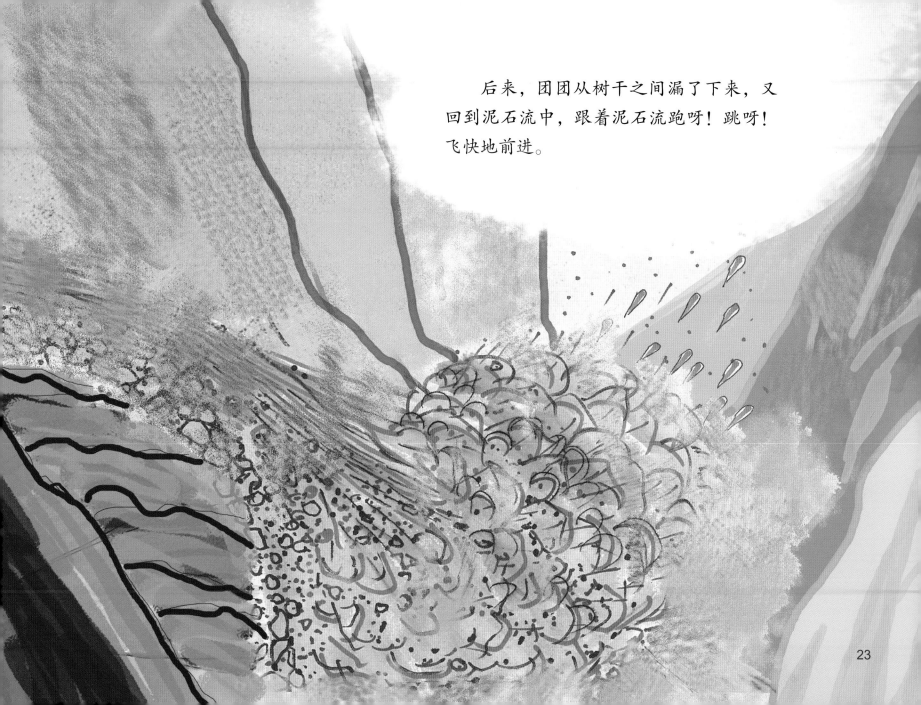

后来，团团从树干之间漏了下来，又
回到泥石流中，跟着泥石流跑呀！跳呀！
飞快地前进。

23

后来，河道突然变得平缓，之前安慰过团团的那块巨大的石头停了下来。大石头似乎变小了，而且身上多了许多的裂纹。

团团和许多小石头被大石头挡住了。在大石头和地面形成的狭小空间里，团团眼看着很快就要被泥沙掩埋了。

泥石流还在继续，上游流下来的石头不断地敲打大石头，从大石头身上敲下来许多碎块。

团团紧挨着大石头的地方，出现了一个缺口。这个缺口比团团身体大许多倍，团团一下子失去了依靠，被泥水推挤着从这个缺口流了出去。

团团跟随泥石流继续向下游流去，时常遇到一些停止的大石头。

原来，泥石流的速度越来越慢，力气也变得越来越小，推不动太大的石头了。

石头们从大到小依次慢慢停下来，泥沙继续跟着水流从石头的缝隙中穿过。最后，泥沙也会停下来。

泥石流沉积和分类作用

• • •

泥石流对所携带的泥沙和砾石具有分类作用，最先被沉积的是巨大的岩块、石头，其次是小一些的岩石碎块、砾石，最后是碎石、砂土，泥水则会一直向下游流动，直至汇入江河或者湖泊。换句话说，体积越大、质量越重的岩石，被泥石流搬运的距离越短；而体积越小、重量越轻的碎石和泥沙，被搬运的距离越远。

泥石流过后，河道被冲蚀，河道中残留了一些大石块

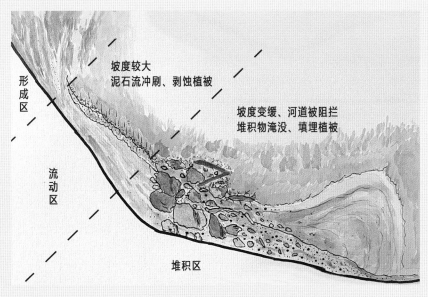

泥石流中的泥水会一直往下游流动

泥石流停下来的泥沙堆积物

最终团团也停了下来。团团所在的泥石流堆积体，形成了一个大大的扇子形状。石头和泥沙，把团团密不透风地埋在土石之中。

团团感叹道："哎，看来我的旅行要到此结束啦！"

泥石流带来的土石把河道也堵塞了。

崩塌、滑破、泥石流三者之间的关系

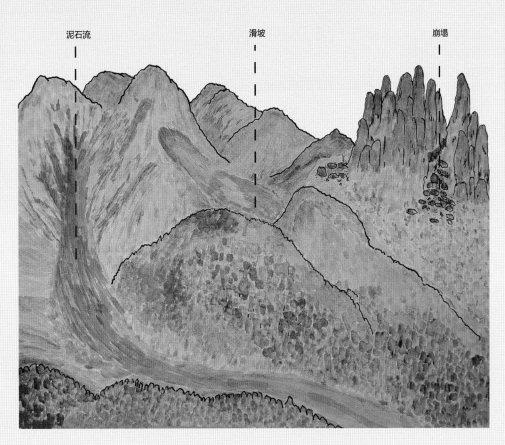

泥石流　　　滑坡　　　崩塌

崩塌、滑坡和泥石流三者互相关联、经常相互触发。在人类活动区域内，不管发生崩塌、滑坡，还是泥石流，都会对我们人类造成不同程度的影响。希望小读者们读完这套书，学会识别和躲避这三种常见的地质灾害，保护自己和家人的生命和财产安全。

我们也要清晰地认识到，人类的某些生产生活活动会触发地质灾害。所以，我们也要尽自己的努力去防灾减灾，保护地质环境。

希望小读者们把这些安全知识传播给更多的人，让我们共建美好的地球家园。